中国科普名家名作

趣味数学故事

美绘版

现代苦肉计

谈祥柏 著／许晨旭 绘

中国少年儿童新闻出版总社
中国少年儿童出版社

北 京

MU LU

目录

九阿哥的密信 6

走为上计 12

杀鸡儆猴 22

无中生有 30

釜底抽薪 39

借途伐虢 44

神灵保佑 50

善钻空子 58

曹操中计 67

狡兔三窟 74

淝水之战 80

请君入瓮 88

现代苦肉计 94

最后一招 103

"血疑"不疑 110

午时三刻劫法场 117

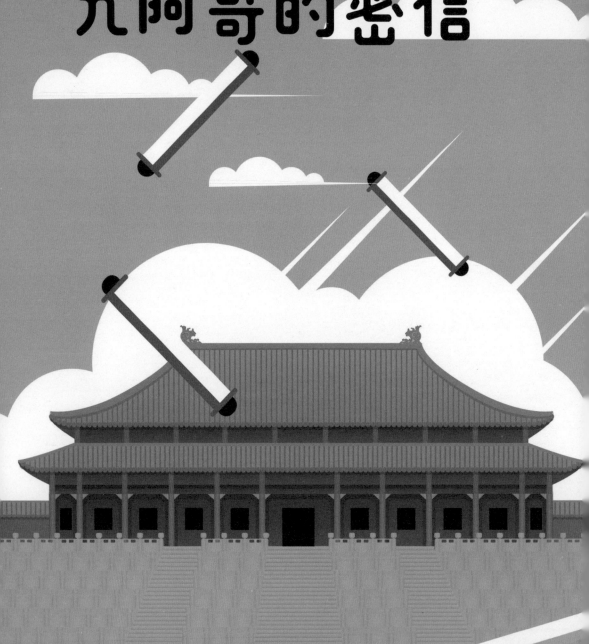

大家知道，康熙晚年，他的 26 个阿哥，为争夺皇位，结交朝臣，明争暗斗。据说，后来四阿哥允祯（zhēn）采取阴谋手段篡夺政权，登上了皇帝宝座，改叫胤（yìn）禛，称雍正皇帝。

雍正继位以后，杀了许多人，与他争夺皇位的兄弟都不同程度地遭到放逐、监禁和杀害。九阿哥允禟（táng）被流放到了青海省的西宁，遭到软禁。一起被放逐的，有他的支持者、曾教过他拉丁文的葡萄牙传教士若奥·莫剂朗。在当时，懂拉丁文的人可以说是凤毛麟角。于是，允禟就放心大胆地利用拉丁文来和他儿子秘密通信。开头几年，倒也没出问题。可是，到了1726年（雍正四年）初，他儿子用拉丁文写给他的一封密信，不幸被雍正的亲信截获，事情败露了。雍正对他们一直是猜忌疑心，恨之入骨，于是就下圣旨把允禟开除出皇族，还把他从青海西宁迁往河北保定，同另一个兄弟允禩（sì）关在一起。不仅如此，雍正还咒骂他们2人

为"阿其那"和"塞思黑",就是"猪"和"狗"的意思;而他们2人的待遇,也只能像"猪"和"狗"一样,永远被"圈禁"起来。

世界上,究竟有多少种语言?这个问题恐怕难以说得清。用一般人不懂的语言来通信,其作用不亚于密码。对自己人来说,一不用"编码",二不必"破译",真是既方便,又简单,是最简捷的"密码"。

第二次世界大战中,有不少人利用这种方法联络。比如,在美国部队中,经常有一些日裔血统的将士在战场上不加掩饰地用日语进行通话联络。无独有偶,

美军中的印第安人，则在北非战场上大讲印第安语，把德军搞得稀里糊涂，莫名其妙。

你看，某些别人听不懂的方言和土语，也是一种秘密交往的"密码"。所以说，外语、方言、土话真可谓不是密码的"密码"。■

"三十六计，走为上计"，既是一句成语，又像是一个总结。毫无疑问，在36条计谋中，本计的使用频度，稳坐第一把交椅。

所谓"走"，有主动与被动之分。要知道，无论何种战斗，谁都不可能常胜不败；如果环境于己不利，那就应该及时转移。西楚霸王项羽"无颜见江东父老"，自刎于乌江之滨，后世之人为之长长叹息；英雄末路，实在是咎由自取。"应走不走，反受掣肘；当断不断，反受其累"，"不走"者算不上英雄，"走"者也并非懦夫。

甚至在自己的阵营里，有时也不得不采用"走为上"之计。许多人恐怕都曾游过无锡，那里有个蠡湖，位于太湖之滨，风景绝胜。此湖因范蠡而得名。范蠡是春秋时期越国的大夫，智谋过人，越王十分倚重，视之为左右手。他后来辅助越王，灭了强大的吴国，被封为上将军。由于长期相处，范蠡深知越王勾践的为人，"狡兔

死，走狗烹；敌国破，谋臣亡"，于是他弃富贵如敝屣，偷偷带了西施，经太湖远走高飞了。

历史事件有时会重演。数百年之后，汉高祖刘邦做了皇帝，一心一意想杀戮功臣，以巩固他刘家一姓的统治。张良看透了刘邦的心思，连忙功成身退，一走了事；而韩信贪恋禄位，终于身罹"未央宫之祸"，被刘邦、吕后所杀。

"走"，不过是权宜之计，当然可以卷土重来。春秋时，伍子胥因父兄被楚平王屠杀，只身逃亡，偷渡文昭关，一夜白了头。他逃到吴国都城苏州后，沦落为叫花子，吃尽千辛万苦。后来，他终于受到吴王的重用，兴兵伐楚，打进了楚国的京城，掘了楚平王的坟墓，鞭打其尸体，报了父兄的大仇。

2000多年之后，蔡锷被袁世凯软禁。为了逃离樊笼，他假意花天酒地，借此麻痹敌人。后来，他终于逃出北京，回到昆明。回到昆明之后，他立即组织"护国

军"，讨伐袁世凯，终于使做了八十几天皇帝的袁世凯灰溜溜地跌下来。

话得说回来，实施走为上计，有一点至关重要，常言道："跑得了和尚，跑不了庙。"荆轲刺秦王，图穷而匕首现；由于他剑法不精，反而被秦王的左右乱刀砍死。秦王自然不会就此罢休，结果导致荆轲的主使者太子丹人头落地，连燕国也被秦国灭亡了。所以说，失踪者必须逃得无影无踪，连一点儿蛛丝马迹都不留下。不妨用一句开玩笑的话来形容：连国际刑警组织也束手无策，无法追捕。

奇妙的是，脚底抹油，跑得无影无踪的失踪问题居然在数学里头也有。这种问题，来历古老，至今还很受欢迎。

把一块边长为 13×13 的正方形毯子剪成 4 块，重新拼成一块 8×21 的长方形毯子（见下页图 1）——当然我们不必真的去剪坏毯子，只要在纸上做就行。

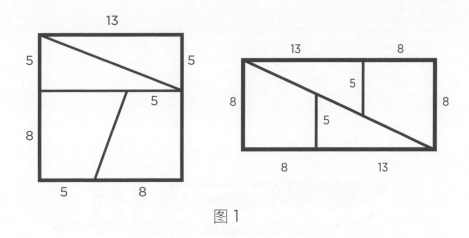

图 1

现在让我们来算一笔账。左图的正方形面积显然是

13 × 13=169，但右图的长方形面积却是 8 × 21=168；

两者并不相等，有 1 个单位"失踪"了！

请问，这 1 个单位究竟"逃"到哪里去了？■

杀鸡儆猴

　　韩信出身卑微，曾受过市井无赖的胯下之辱。汉高祖刘邦筑坛拜将之后，他还是被一班老臣瞧不起。韩信上台以后，立下极为严厉的规章制度。有一天，他下令会操，限定清晨五更天就要集合报到，违者军法从事。

　　点名完毕，只有监军殷盖未到。韩信不动声色，也不追问。眼看到了中午，殷盖方从营外而来，想闯进辕门。守门的连忙拒绝，说："元帅已演习大半天了，没有他的命令，我不敢放人进去！"

　　殷盖大发脾气："什么元帅不元帅，真是小人得志，不知天高地厚！我是监军，地位与他平起平坐。他不来迎接我，已经傲慢无礼了。"一面说一面大摇大摆地进去，见了韩信，两手一拱，尚是余怒未息。

　　韩信一面答礼，一面却说："国有国法，军有军令。早已三令五申，限卯时集合，你却到了中午才来，如此藐视军令，依法当斩！"言毕，他便收起笑容，冷若冰霜，一脸杀气。殷盖自恃老资格，又是刘邦的宠臣，哪

肯服输！一面指手画脚，一面破口大骂，把韩信的"老底"都揭了出来。

韩信不与他争辩，喝令左右把殷盖绑起来，然后下令痛打50大板，先杀杀他的威风。殷盖被打得皮开肉绽，血肉横飞，当下叩头求饶。由于殷盖为人一贯作威作福，飞扬跋扈，军中大将哪一个肯替他说情呢？

有人飞马报告刘邦。刘邦大吃一惊，连忙下手谕叫韩信刀下留人。可是韩信还是坚持自己的意见，"将在外，君命有所不受"，不买刘邦的账。片刻工夫，刽子手便把殷盖的人头装在盘子里交差了。

军中将领吓得半死。从此以后，再无人敢藐视军令。

以上便是"杀鸡儆猴"之计。此计的发明权并不属于韩信，在他之前，用过此计的人不计其数。最为脍炙人口的，当然是春秋时代的大军事家孙武的故事了。

孙武为吴王训练娘子军，分成两队，由吴王的两位爱妃当队长。不料这些人队形不整，高声嬉笑。孙武大

怒，拂袖而起，大发虎威，再次重申前令。不料两位队长还是不听指挥，乱说乱动，自行其是。

于是孙武断然采取措施，下令把两位队长斩首示众。众宫女个个吓得发抖，这才诚惶诚恐地认真操练起来。

鸡、猴、兔都是些可爱的小动物，孩子们特别喜欢。日本有位趣味数学专家根据三十六计中"杀鸡儆猴"这一计，编出了一道有趣的减法算式。在式子里，不同的动物代表不同的阿拉伯数字。你看，雄赳赳的雄鸡队长正在回头督促它的一群队员（小猴子）抓紧赶路呢！正在此时，杀鸡的人来了。雄鸡一惊，就逃到了底下。3只小猴子怪机灵的，早就脚底擦油开溜了。连小兔子也吓破了胆，跑得无影无踪。

现在要请你算算，鸡、猴、兔各代表什么数字？

我们从图中看到，鸡没有去减任何数，就吓跑了。这是啥原因呢？当然是在做减法时被借走了。由于借位只能借1，所以鸡就是1。

这只鸡逃到底下，变成了差数。根据这条线索，不难推出：猴代表 0，兔代表 9。这样一来，我们就不难破译出动物算式的答案了：

$$
\begin{array}{r}
1000 \\
-\ \ 999 \\
\hline
1
\end{array}
$$

这类题目不难加以改编，可以改得更难、更有趣些。让孩子们自己编题目、画图，动手参与，这对加强素质教育也是有些作用的。■

WU ZHONG SHENG YOU

无中生有

陈胜王

　　"无中生有"是彻头彻尾的弥天大谎，好比没有本钱的买卖，简直比"一本万利"还要厉害 10 倍！你们不要不相信，这条计策在古今中外的战争、商业、外交乃至宫廷政变中居然一再使用，而且屡屡得逞！

　　据近代历史学家考证，"无中生有"计的创始人要推陈胜、吴广。为了推翻残暴的秦王朝，他们把写有"陈胜王"的布帛塞入鱼腹里，以示天意；又派人在野地里装鬼叫，半夜大喊"大楚兴，陈胜王"。这样一来，很多人信以为真，便和陈胜、吴广一起在大泽乡揭竿起义。其结果竟然是"星星之火，可以燎原"，使秦王朝的统治摇摇欲坠。

　　话说清朝有个著名的中医叶天士，医术高明。他本来是个默默无闻的草野匹夫，生意也是门可罗雀，连自己的生活都非常困难。

　　有一天，一贯装神弄鬼，连皇帝老子都要敬畏三分的张天师来到苏州布道。叶天士灵机一动，便去叩见张

天师，把自己的本事与遭遇告诉了张天师，并求张天师助以一臂之力。

张天师一口答应会帮忙，叮嘱他在第二天下午申时（下午4时左右）在一座桥下经过，"山人自有妙计，保你时来运转"。

第二天，张天师的8人大轿果然来到桥头。一到桥头，他就下轿，向着桥下的船（叶天士正坐在船上）连

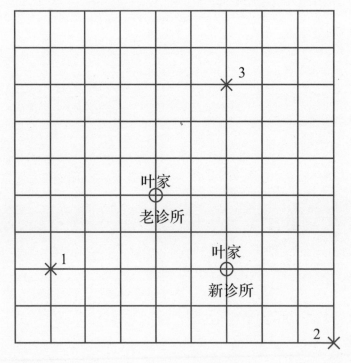

图 2

1. 保和堂国药店
2. 织造衙门
3. 天师府

连作揖，口中念念有词。别人看见之后，非常奇怪，便请教张天师是什么原因。张天师说："桥下正好有一位天医星经过，他曾治好玉皇大帝的病，我当然要向他致敬了。"听张天师这么一说，那还了得？顿时一传十，十传百，叶天士的名气马上大大传开了。

叶天士有3个重要的关系户：张天师在苏州城内临时居住的行宫——天师府，供应处方药材的保和堂国药店与织造衙门。这3个地方全部位于棋盘形状的苏州城内（见图2）。街道纵横，相交成十字，非常规整划一。

有一次，叶家诊所要搬家了，目的是要使新诊所离3个关系户的总距离尽可能短，以便联系起来更方便。

怎么搬才能使大家皆大欢喜呢？足智多谋的叶天士想出了一个发扬民主的办法，也就是"少数服从多数"的原则。比如，如果把老诊所向东搬迁一条马路，这时离天师府与织造衙门更近了，可离国药店要远一点儿了。2∶1，赞成者占优势，当然应该采纳多数人的意见。

照此方案，一步步地进行试探；如果多数人反对，那就改用别的移动方案。这样，步步为营，结果到达图上新诊所的位置。这时，无论再向哪个方向移，都是反对势力盖过赞成势力。于是，新诊所的位置就被确定下来。它是一个最优位置，距 3 个关系户的总距离为 15 个单位。

叶天士处处精打细算，再加上他医道确实很高明，因而叶家诊所的生意愈加红火，叶天士也成了远近闻名的老中医了。■

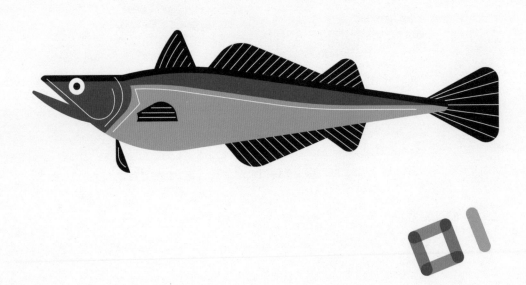

FU DI CHOU XIN
釜底抽薪

　　"釜底抽薪"是在争斗中经常使用的一种"兜底战术"。《东周列国志》里有这样一桩历史故事：秦国出兵攻打赵国。秦强赵弱，于是赵国老将廉颇坚守不出。秦兵强攻，伤亡很大，但始终不能攻下城来。这时秦国宰相范雎怕时间一长，要出大问题，便想出釜底抽薪之计。他派奸细到赵国京城邯郸散布谣言，说其实秦国最害怕的是赵括将军，廉颇老迈，昏聩无用，怕死不敢出战，真是赵国的耻辱。赵王信以为真，下令撤换主帅，由赵括代

替廉颇。然而赵括只有书本知识，并无实战经验，结果大

败：赵括被杀，降卒几十万人被活埋，赵国差一点儿亡国。

　　"大鱼吃小鱼，小鱼吃虾米"，商战也是十分残

酷的，不亚于血肉横飞的沙场。东南亚某国有两家银行

是死对头，甲强乙弱。乙行想出一个计谋，不惜牺牲几

十万元活动经费，密令手下人到甲银行去存活期储蓄，

大大小小，开了1000多个户头。一星期之后，金融风潮

突起，乙行老板眼看时机已到，便叫这些"储户"在同一时间前去提取存款，还到处散布谣言，说甲行要倒闭了。这些"储户"在甲银行门前排起长龙，阻塞交通。这样一来，引起了别的储户的恐慌，害怕银行倒闭，一时大家都来提取存款。结果甲行无法应付，只好宣布破产。在中国历史上，大名鼎鼎的"红顶商人"胡雪岩，也是由于他的钱庄被"挤兑"而搞垮的。

说起商战，各种商品打折捉销，"跳楼价""割肉价"满天飞。表面上看来，消费者好像大大得益了，其实不然。因为商店先把原价提高了，再来打折扣，简直是在玩弄算术游戏。由于消费者不知道原价这张"底牌"，如果轻信广告就难免上当受骗。

比如，连锁一店打出广告"本店产品一律八折"，可暗地里他先把商品的价格上调20%，然后再下跌20%。以100元的东西来算，就是100→120→96元，仅仅便宜了4元。可由于消费者不知道原价这张"底牌"，以为真的捡着大便宜了。

连锁二店的办法又有所不同，所采用的花招是先加六成，再打六折。略为算一算就清楚，实价还是96元，只是中间变换的过程变成100→160→96而已；"六折"听起来要比"八折"优惠得多，但结果还是换汤不换药！

对于这种商业欺诈行为，看来也只好来一个"釜底抽薪"之计，把它的底牌亮出来！■

JIE TU FA GUO

借途伐虢

借途伐虢（guó）是春秋时代的一桩大事。虢国、虞国和晋国接壤。当时晋国的国君晋献公，是个野心勃勃的人物，一有机会，就要侵略别国。一天，他派了说客，备好厚礼来见虞公，要求借一条路让他的兵马通过虞国去征伐虢国。见识短浅、鼠目寸光的虞公贪图小利，打算同意使者的要求。这时，虞国的大臣宫之奇连忙劝阻，说虞、虢乃是唇齿相依的邻国，虢国一旦灭亡，下一回就该轮到虞国了。但是固执的虞公根本听不进金玉良言，认为晋、虞两国的国君都姓姬，同是周文王、周武王的后代，"他们怎么会害我呢？"结果还是同意了晋国的要求。宫之奇一看苗头不对，再不走就要遭殃了，急忙带了妻子逃亡别国；"三十六计，走为上计"，溜之大吉也。

果不出他所料，那年冬天，晋兵攻灭了虢国。得胜之后，部队暂时驻扎在虞国。没想到晋国乘此机会发动突袭，一举消灭了虞国，连虞公都当了俘虏！

历史真是惊人地相似。既然有此一计，后人总要千方百计地加以利用。三国时期，老谋深算的刘备也是口口声声说他同益州刺史刘璋有"同宗"之谊，要求借道入川，还要求刘璋出兵助其抵抗张鲁。刘璋手下不乏明智之士，识破了刘备的阴谋，但是刘璋刚愎自用，听不进忠言，引狼入室，结果还是被刘备攻破了成都。另一方面，刘备"借"了孙权的荆州一直不肯归还，结果孙权恼羞成怒，起用吕蒙打进荆州，使孙、刘联盟彻底崩溃，反而使曹操坐收了渔翁之利。从此以后，各国统治者对"借"道攻别国之事都深具戒心，不肯轻易上当了。

1939年，为了沟通东普鲁士与德国本部，希特勒向英法两国提出，要在波兰开辟出一条"走廊"，也算是借一条路吧。奉行绥靖政策的英国首相张伯伦、法国总理达拉第无知透顶，居然答应了希特勒的无理要求，结果希特勒索性一不做，二不休，趁机吞灭了波兰，这可以算是"借途伐虢"的现代版了。

在数学上，为了得到最佳方案经常要用到"借途伐虢"这条策略，比如下面这道题。

图3是一幅简明的交通图，各段路程都是已知数（单位是千米），从A到B，怎样走路程最短呢？

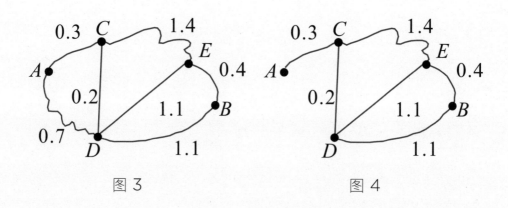

图3　　　　　　　图4

图上共有5个点，可能的路线很多，看起来眼花缭乱。但我们不妨这样来思考，从A直接到D要走0.7千米，而从A经C到D只有0.5千米。由此看来，从A直接到D的这条路是无用的，把它擦去为好，于是就得到图4。

再看从C到E的路线。通过比较，从C经D到E

借途伐虢

要比从 C 直接到 E 近便，于是我们把 CE 这段也擦去，

得到图 5。就这样，通过一步步图上作业法，我们最后

得到图 6，从而得知最短路线就是从 A 经 C、D，再到 B。

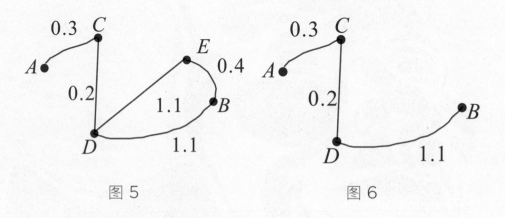

图 5　　　　　　　　　　图 6

　　好有一比，起点 A 算是晋国，终点 B 是虢国，而
中途的 D 便是虞国，它是个咽喉要害之地。从 A 到 B
的最短路线是一定要经过 D 的，如能借道，当然是再
好不过了。■

SHEN LING BAO YOU

神灵保佑

　　宋朝有一位武将狄青，同包公一样，也是朝廷上的顶梁柱。他从士兵出身，一直升到大将军，身经百战，有勇有谋。

　　狄青容貌俊美，一表人才，但看上去像个文弱书生，这对指挥打仗是很不利的。于是他在出征之时，总要先戴上一个青面獠牙、凶神恶煞般的面具。敌人一见，吓得半死，在心理上就落了下风。可见狄青不但武艺高强，而且还是一位心理战专家。

　　公元1052年，蛮族首领侬智高在广西起兵反宋，攻破了邕州（今广西南宁市），然后沿西江东进。战斗中宋朝军队节节败退，在朝廷内外引起极大的恐慌。

　　公元1053年（宋仁宗皇祐五年），狄青奉旨征讨侬智高。由于路途遥远，粮草不足，全军上下都有些畏惧之心。士气不振，怎能打胜仗？狄青想来想去，心生一计。

　　大军开拔到桂林以南，他命人准备好100枚铜钱，吩咐设下神坛斋戒沐浴，恭恭敬敬地向神灵祈祷许愿，口

中念念有词："下官狄青，奉旨征讨。愿上苍保佑，助我一臂之力，如能马到成功，荡平叛乱，则这些钱币抛掷下去时，正面必定全部朝上。"

在成千上万士兵的注视下，主帅狄青把手一挥，把铜钱全部抛掷到空中。众目睽睽之下，大家心头都捏着一把汗！

奇迹居然出现了，鬼使神差，落在地上的100枚钱币的正面通通朝上。这时，全军欢声雷动，山鸣谷应。在现场观看的民众也都惊讶得目瞪口呆。

事不宜迟，狄青立即下令，叫偏将们取来钉子，把铜钱牢牢地钉在地上，并划定禁区，任何闲人都不得入内，同时宣称，"待我得胜归来，必定酬谢神明，收回铜钱"。

狄青手下的将士认定神灵保佑，于是士气大振，在战斗中人人争先恐后，不久就把侬智高的部队打得一败涂地，收复了邕州。侬智高仓皇逃命，隐姓埋名，不知所终了。

班师回朝时,狄青收回了那些铜钱。他的部属们一看,原来那些铜钱两面通通都是一样的!所谓神灵保佑,原来如此。

普通的铜钱都有正、反两面,要使100枚铜钱的正面全部向上,这样的机会(数学上把它称为"**概率**")是小得可怜的。

它等于 $\frac{1}{2}$ 的100次方。如果用对数计算,算起来倒也不难,但你们没有学过对数,所以我们只好大致估计一下。现在电脑很吃香,孩子们对2的不断翻番大都比较熟悉,所以一般都知道 $(\frac{1}{2})^5 = \frac{1}{32}$, $(\frac{1}{2})^{10} = (\frac{1}{32})^2 = \frac{1}{1024}$,于是 $(\frac{1}{2})^{20} = (\frac{1}{1024})^2 = \frac{1}{1048576}$,从而,$(\frac{1}{2})^{100} = (\frac{1}{1048576})^5$

$\approx 7.888 \times 10^{-31} = \underline{0.000\cdots07888}$ 。
　　　　　　　　　　　　（共计31个零）

这个概率小到什么程度呢?你看,它要在小数点之后接连出现30个零,然后才是一个7。好有一比,假定全

世界60亿人全都去买一种福利彩票，而只有一个人能中奖。这个中奖的概率可谓小矣，然而$(\frac{1}{2})^{100}$的概率比它还要小得多！

研究随机现象的数学分支叫作概率论。它是应用数学的一个重要分支，现在已渗透到人们生活中的方方面面，甚至天气预报都有"降水概率"了。∎

SHAN ZUAN KONG ZI

善钻空子

在竞赛或斗争中对立双方的利益正好相反，你输即我赢，每一方为取胜或取得尽可能好的结局所做的努力，通常都会遭到对方的反击或干扰。所以，明智者都会考虑对手将会采取哪些策略，"知己知彼"才能"百战百胜"。

战国时期，齐国占据了山东、河北、江苏一带，土地肥沃，人口众多，其经济实力甚至超过西方的霸主——秦国。当时齐王手下有个大臣名叫田忌，官拜丞相之职。由于齐国境内太平无事，歌舞升平，君臣上下便斗鸡走马，尽情取乐。齐王与田忌都有养马之癖。有一天齐王忽然心血来潮，要田忌同他赛马赌输赢：双方都从上、中、下3等马匹中各选出1匹来进行比赛，一共进行3场，每场比赛都必须决出胜负，胜者得千金。

齐王的马都比田忌的马强，所以他胜券在握，以为田忌肯定要输他3000两黄金了。

齐王的上等马牵出来了，田忌正在拿不定主意，他的门客兼谋士孙膑（古代一位大军事家）连忙向他使了个眼色，向他咬耳朵："快把你的下等马牵出去比。"田忌对于孙膑向来是信得过的，知道他定是"山人自有妙计"，于是立即照办。田忌的下等马岂能同齐王的上等马相比，跑不了多久即败下阵来，场上顿时欢声雷动。

可是他们未免高兴得太早了一点儿。接下去的两场比赛，孙膑用田忌的上等马对付齐王的中等马，而用田忌的中等马对付齐王的下等马，结果居然连胜两场。一结账，田忌一方是胜二负一，居然净得千金。于是田忌哈哈大笑，重赏了孙膑；而齐王气得瞠目结舌，哑口无言，只好摆驾回宫去了。

实力雄厚的齐王竟遭败绩，这个例子太有名、太激动人心了，不但当时轰动一时，还作为谋略学的典型例子流传下来。近几十年，作为运筹学中的一个突出事例，它又被人们反复引用。

让我们来做一个简单的统计。其实，双方共有6种

对阵形式，为了叙述简单起见，我们用记号来描述：

"上—中"表示齐王的上等马同田忌的中等马进行比赛，如此等等。这样，6 种对阵形式如下所示：

上—上　　　　上—上　　　　上—中

中—中　　　　中—下　　　　中—上

下—下　　　　下—中　　　　下—下

①　　　　　　②　　　　　　③

上—中　　　　上—下　　　　上—下

中—下　　　　中—中　　　　中—上

下—上　　　　下—上　　　　下—中

④　　　　　　⑤　　　　　　⑥

从表中我们不难看出：①田忌 3 局皆输；②田忌胜 1 负 2；③田忌胜 1 负 2；④田忌胜 1 负 2；⑤田忌胜 1 负 2；⑥田忌胜 2 负 1，即孙膑教他的办法。

如果按纯粹的概率计算，齐王获胜的机会是 $\dfrac{5}{6}$，

而输掉的机会只是 $\dfrac{1}{6}$ 。

可是齐王还是输了！原来，孙膑钻了比赛顺序的空子。如果齐王当初采用抽签的办法，那么胜负的形势就要改变了。

顺便讲一讲，上述赛马问题同孩子们特别喜欢玩的"石头—剪刀—布"游戏有着本质不同。在后一种游戏中，双方同时出示手势；不仅如此，后面出示的手势同前面毫无关系。这才是一个典型的矩阵博弈游戏，它的博弈值是0。如果长时间玩下去的话，双方将不分胜负，只能握手言和。■

CAO CAO ZHONG JI

曹操中计

曹操对谋略学很有研究，他曾根据他的实战经验，写了一部《孟德新书》。这本书共13篇，全是用兵之要法，计谋之精髓。这样一部奇书，可惜没有流传到后世，而是被他自己扯碎烧掉了。曹操为何干下这等蠢事？原来，他被张松所算，受骗上当了。

张松其人，相貌十分丑陋，可是说起话来，声音洪亮犹如铜钟。此人在当时四川地方实力派刘璋手下，官拜别驾之职。有一年，刘璋派他充当使者，要求曹操出兵扫荡盘踞在汉中盆地的军阀张鲁（刘璋的死敌）。曹操见他形象猥琐，心中已有五分不高兴。交谈之间，两人话不投机，互不服气，相互顶撞。曹操大怒，拂袖而起，转入后堂去了。

曹操手下的高级参谋杨修继续接待张松。杨修竭力歌颂曹丞相的雄才大略，一面拿出曹操呕心沥血的杰作《孟德新书》给张松看。不料张松看过之后，十分不屑地说："这本书何足道哉！我们四川的三尺小童都能背

得出来。它是战国时无名氏所作。曹丞相存心剽窃，诈称自己所作，这也只能骗骗你！你若不信，我来背给你听。"于是，他就将《孟德新书》从头至尾朗诵了一遍，竟然背得一字不差。原来，张松有过目不忘的本领。杨修把这件事情向曹操做了汇报。疑神疑鬼的曹操居然连自己写的书都不相信了，他说："莫非古人与我暗合吗？这本书如果传到后世，人家肯定要笑我是'文抄公'的。"于是下令，把这本书投到火中烧个精光。

像张松这样好的记忆力，历史上实在少见。记忆力的本质究竟是什么呢？现在的脑科学研究也还不能肯定其作用机制。前几年的"吉尼斯世界纪录"里曾经提到过，日本有位奇人友寄英哲，居然能一口气背出圆周率 π 的几万位小数！看来他的本事并不比张松来得差。难道他有特异功能吗？

许多有识之士指出，特异功能其实同魔术有着千丝万缕的关系。神奇的记忆力有真有假，不能一概而论，

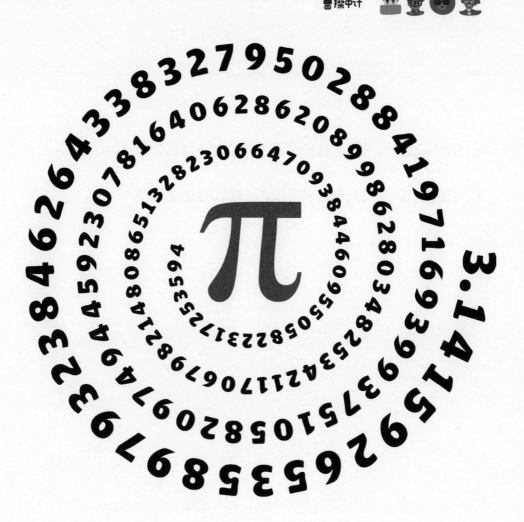

其中也可能包含着大量水分。不信，下面就让我来给大

家表演一个"神奇记忆力"的节目：

黑板上有100个数字，由于篇幅关系，我们只写出

其中的一小部分。如果看懂了本文，你们自己就可以补

全它。这100个数字长长短短，看起来乱七八糟，毫无

规律。请看：

A₁23301　　B₁36312　　C₁512334　　…

A₂33612　　B₂46604　　C₂612628　　…

A₃43923　　B₃56916　　C₃7129112　　…

……

我对观众们说："看哪！我只要对它们注视 3 分钟，就能把这 100 个数全部记住。只要你们随便说出一个编号，我就可以把这个编号对应的数说出来。"例如，他们说"C₃"，我能马上说出 C₃ 对应的数是 7129112。

这个戏法的秘密在哪里？其实，我的记忆力并不强，这只是一个数学魔术而已。黑板上那100个数字看起来乱七八糟，实际上它们都是按照一定的规律编出来的。你看，首先我规定A代表10，B代表20，C代表40；B₂相当于20+2=22，C₃就相当于40+3=43；等等。这100个数字是按照以下"模式"制造出来的（以C₃为例）：

（1）把两个数字相加，例如 4+3=7；

（2）原来的两位数乘 3，如 43×3=129；

（3）原来的两位数中，用较大的数码减去较小的数码（若相等，则差自然为 0），如 4-3=1；

（4）两个数码相乘，4×3=12。

把以上各步得出的所有数目字串在一起，就得到 7129112 了。■

JIAO TU SAN KU
狡兔三窟

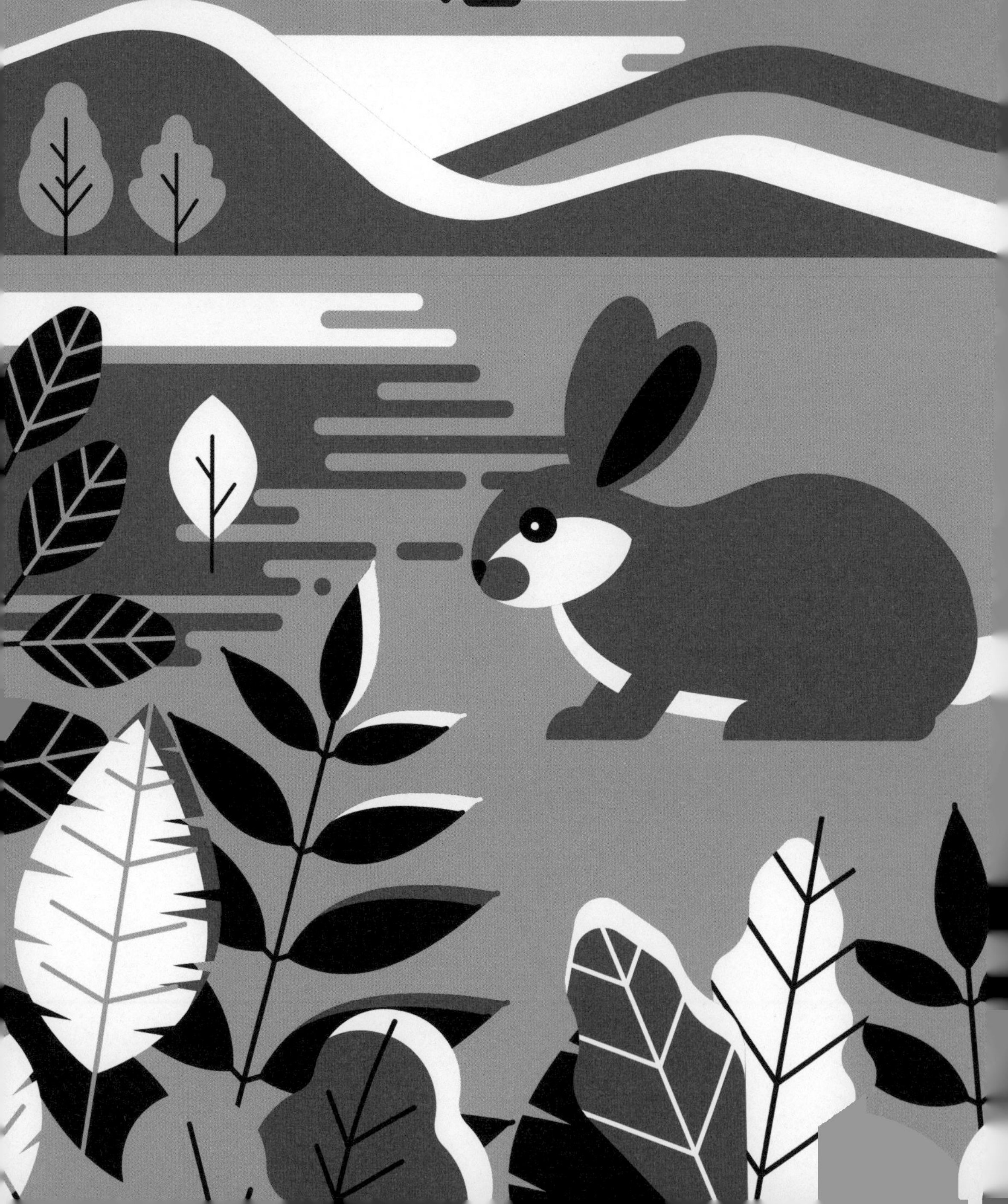

　　冯骧（huān）是战国时四大公子之一孟尝君田文手下的食客与高参。田文当过齐国的丞相，由于跟齐王有矛盾，被齐王罢了官，为此他心中闷闷不乐。

　　冯骧为人工于心计，经常替田文出谋划策，排忧解难，因而深得田文的欢心与信任。有一次，他焚烧孟尝君的债券。孟尝君知道后大怒，责问冯骧。冯骧说："您别生气，我这是在替您收买人心哪！这个薛地是您的根据地，不能不苦心经营一番。不过，狡兔要有三窟，藏身之地多了，就可以逃避天灾人祸。现在只能算作一窟，让我再为您另找两窟。"于是，冯骧先到梁国，劝梁惠王聘用孟尝君；惠王欣然同意，答应给田文黄金千斤和最高级的官位；然后冯骧又力劝孟尝君不受聘，因为他预料到齐国必将重新起用田文。果然，齐国听说梁惠王欲聘用孟尝君后，考虑自身利益，赶忙派太傅送去黄金千斤，齐王还亲自写信致歉，要重新起用田文。目的达到后，冯骧对孟尝君说："三窟已经准备就绪，你可高

枕无忧矣。"后世的人，学习孟尝君经验者大有人在，比如晋朝的王衍，身任宰相，却派他的两位兄弟担任荆州和青州的大都督。王衍得意扬扬地说："我在京城，你二人在外，足以成为三窟矣。"

唐朝的大诗人杜甫说："千年孽狐，三窟狡兔。恃古冢之荆棘，饱荒城之霜露。"狡猾的老狐狸想吃兔子，兔子心生一计，它对狐狸说："这一带有10个洞穴，大体上排列成一个圆形（见下页图7），编上0，1，…，9共10个号码。开始时你从0算起，走1步到1号洞，然后再走2步到3号洞，然后走3步到6号洞，又走4步回到0号洞，依此类推，继续走5步，走6步……我则选好1个洞穴，躲在那里。如果你走进了我躲藏的洞穴，那么，我算是认命了，情愿做你的口中之食。但你必须严守规则，不得违反。"

老狐狸一听，自己行动自由，条件显然有利，于是欣然同意。双方一言为定，就请山中的猴王当了公证人。

老狐狸的起点

0

9   1

8   2

7   3

6   4

5

图 7

这猴王是当年花果山孙悟空的嫡系子孙，挺有威信的。

试问：老狐狸照此行事，能吃到兔子吗？

我们不妨把狐狸走 20 步所到的洞穴做一个统计：

一	二	三	四	五	六	七	八	九	十
1	3	6	0	5	1	8	6	5	5

十一	十二	十三	十四	十五	十六	十七	十八	十九	二十
6	8	1	5	0	6	3	1	0	0

这样走了 20 步之后，老狐狸走得头昏脑涨，饥肠辘辘，体力吃不消了，于是只好认输，放弃了把兔子大嚼一顿的企图。

可以看到有几个洞穴是狐狸始终不曾到过的，它们是哪几个呢？假如这只老狐狸道行很深，它可以永远按照上述规律走下去，那么，最终它能吃到兔子吗？■

淝水之战

一位大科学家说过，20世纪的科学只有3件大事将被后人记住：相对论、量子力学和**混沌**。混沌是20世纪最后20年，数理科学中的又一次大革命。现在已由计算机制造出了无数的混沌图像，远远超过了任何画家的想象能力。

混沌无处不在。什么叫混沌？板起面孔说，它就是对初始条件的敏感依赖性。在中国，古人早就对此有所认识，他们用"大风起于青蘋末"或者"失之毫厘，差之千里"来加以刻画。在混沌理论中赫赫有名的"蝴蝶效应"其实也就是这个意思：一只蝴蝶在巴西扇动翅膀，有可能在美国得克萨斯州刮起一场龙卷风！

《纽约时报》科技部主任格莱克最喜欢引用一首"三字经"民谣：

钉子缺，蹄铁落；蹄铁落，战马蹶；战马蹶，骑士绝；骑士绝，胜负逆；胜负逆，国家灭。

　　各种微不足道的误差和偶然因素积累起来，经过一连串湍流式的逐级放大，兴许就能形成非常可怕的宏观不测事件。中国历史上著名的"淝水之战"就是个例子。

　　淝水在安徽省境内，河流不大也不长，是淮河的一条支流。公元 383 年（东晋太元八年）秋天，统一北方的前秦皇帝苻坚统率 97 万大军南侵，企图一举消灭东晋，统一中国。苻坚统率的大军水陆并进，声势浩大，气势逼人，被吹嘘为"每人投放一条马鞭就足以使长江断流"。

　　东晋宰相谢安坐镇南京，心情十分平静，还在他的东山别墅里与人下围棋呢！他派遣弟弟谢石、侄子谢玄为前锋都督，抗击来犯之敌。

　　虽然谢玄的总兵力不到 8 万，与苻坚兵力对比相差悬殊，但谢玄胸有成竹，布阵严整。他在附近的八公山上虚张声势，故布疑阵。苻坚同他的弟弟、秦军主帅苻融登上寿阳城，看见八公山上的草木，以为都是晋兵，

心里有点儿害怕了。苻坚心想：这也是劲敌啊！无疑，在这场心理战面前，他们已吃了败仗。

谢玄又想出一条计策。

他派使者对苻融提要求，让秦军稍向后退一点儿，让晋兵渡河，以决胜负。秦军将领都说："我众彼寡，不如遏之，使不得上，可以万全。"这个意见当然是正确的，兵法里也有"不动如山"这样一句话，就是说军队

驻守时要像山岳一样，不可动摇。但是苻坚却同意了晋方的要求，打算让晋兵渡到一半的时候发动攻击。他认为这时敌军横渡江河，首尾

不接，队列混乱，攻打他们十分有利。

　　岂知事与愿违，乱的不是敌人，却是自己！秦军往后一退，马上就不可收拾。当时没有健全的通讯设施，后方认为前面已经败了，便争先恐后地亡命奔逃。晋兵趁机发动猛攻。苻融想阻止秦兵盲目退却，不料他的马却忽然倒下，混乱中苻融躲避不及死于乱军之中。主帅一死，秦兵群龙无首，更加溃不成军，一败千里。最终晋军取得了淝水之战的胜利。

　　淝水之战是军事史上以少胜多、以弱制强的著名战役之一。但是，"你若学了混沌，就不会再用老眼光去看世界"，而将从中汲取更深刻的教训！■

QING JUN RU WENG

请君入瓮

　　司马光编的《资治通鉴》以及许多唐朝野史中都记载了这么一个故事：武则天做女皇时，任用酷吏周兴，捕杀了许多政敌与老百姓。周兴由此飞黄腾达，一直升到右丞相。后来，有人密告周兴阴谋造反，武则天就派另一个酷吏来俊臣来审问周兴。来俊臣拿到武则天密旨后，就写好请帖，请周兴喝酒。两人对酌，喝得正高兴时，来俊臣向周兴请教："如果囚犯不肯招供，该怎么办呢？"周说："很好办！只要取一个大瓮，放在炭火上烧。若犯人不肯招供，就叫他爬进瓮中，还怕他不招？"

　　来俊臣点点头，连声称是，马上派人搬来一只大瓮，放在火上烤，一面对周兴说："有人告你造反，请老兄进这瓮中！"周兴惊恐万状，吓得屁滚尿流，当即跪下，

叩头服罪。

"请君入瓮"在军事上是一条很常用的计谋。"瓮"即圈套；做好了圈套，让敌人往里头钻，往往效果奇佳，能将敌人大量杀伤，甚至彻底歼灭，斩草除根。

南宋初，金国统治者命金兀术率领大军南下，企图一举灭宋。有一次，金兀术统率 10 万大军逼近常州、镇江一带，准备渡江。当时镇守东线的是名将韩世忠。他根据当时形势分析，早就料到金兀术会走这条路，已经布置就绪，准备来一次拦江截击。决战那天韩世忠夫人梁红玉亲擂战鼓，将

士们越战越勇，渡江的金兵遭到迎头痛击，中箭的、溺死的不计其数。金兀术一见形势不好，便下令全军向西移动，想绕过镇江，在西面长江较狭处再行强渡。韩世

忠沿岸追击，不让敌人有喘息机会，直到把金兵逼进黄天荡。

黄天荡是一个死港，好比是死胡同，无路可通。韩世忠见金兵尽入黄天荡，立即把港口封锁，犹如把瓮口塞住，使金兵插翅难飞。这样一来，

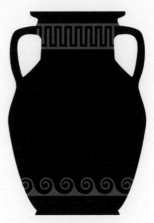

按计划，至多不出10天，金兵必然粮尽饿死。

可惜后来出了叛徒、内奸，此人向金兀术献计说，黄天荡是连着老鹳河旧道的，现在虽然淤塞，但河底尽是泥沙，容易掘开。金兀术依计而行，终于逃脱了。

在某省举办的小学生数学奥林匹克竞赛中有这样一个问题（见下页图8）：50个空格排成一行，左面第1格中放入1枚棋子"帅"。双方轮流走棋，每步可向右移动1格、2格或3格，但是不能不走，第50格是一

只足以烧死人的大瓮。请问：是先走者还是后走者可以

取胜？取胜的策略又是什么？

图 8

只要认真分析一下，就不难看出，此游戏其实是古

老的"抢30"游戏的翻版。谁先抢占第 49 格，谁就赢了。

因为，到那时候，对方不能不走，只好硬着头皮进大瓮。

不难看出，在这样的形势下，先走的一方反而是输

家。因为如果他走1格，对方就走3格；他走2格，对

方也走2格；他走3格，人家就走1格。总之每一轮下来，

双方共走4格。按照这种策略，后走者必能稳稳地抢占

第5格、第9格、第13格直至第49格。

这是一种"后发制人"的游戏。后走者赢定了，好

比后来的酷吏（来俊臣）制伏了前面的酷吏（周兴）。■

XIAN DAI KU ROU JI
现代苦肉计

话说曹操的南侵大军在赤壁大败那天，满江通红，烈火冲天。曹兵着枪中箭，火焚水溺者，不计其数。虽说是诸葛亮借了东风，周瑜指挥有方，但黄盖前来假投降，却是打响了第一枪，起了正面一击的作用。他那天晚上带领 20 只火船撞入曹军水寨，使曹军兵营中的船只全都燃烧起来——曹军兵营中的船只都被铁环锁住，无法逃避。

老谋深算、精通兵法的曹操，为何竟会相信黄盖的假投降呢？原来，他是中了"苦肉计"。说起苦肉计，它属于"三十六计"中的第 6 大类，与"美人计""空城计""连环计"等可以配套，是克敌制胜的一大法宝。

在一次重要的军事会议上，黄盖故意出言不逊，存心

激怒周瑜。这位大都督

本欲将他斩首，由于众将官苦苦求情，周瑜下令将黄盖剥去衣服，拖翻在地，痛打 50 背杖。黄盖被打得皮开肉绽，鲜血迸流，昏厥几次。假戏真做，连大智大勇的诸葛亮也感叹道：不用苦肉计，岂能瞒过曹操？

曹操也非等闲之辈，他为什么识不破？原来，黄盖曾在孙权的父亲与哥哥手下当过差，是个"老资格"，而周瑜却是一个"小字辈"人物，如今位居其上，怎能甘心？所以从表面上看来，两人之间似乎有很深的矛盾。曹操根据大局来分析，自然就得出黄盖是来真投降的结论。另外，曹操在周瑜营中，也埋伏下了蔡中、蔡和两名奸细，听到他们密报黄盖受刑的消息，就更加深信不疑了。所以说，苦肉计必须同反间计配套，才能发挥作用。

"周瑜打黄盖，一个愿打，一个愿挨"，后来竟发展成为谚语。黄盖虽然挨了打，但只是皮肉受损，并未

伤筋动骨，真可以说花的代价最小，而收效却最大。但后世不会再有这种便宜事情。为了取信于人，只有加强力度，层层加码。比如，南宋初期，为了使金兀术相信假投降的骗术，王佐不惜斩断了自己的手臂，才使金国将帅上当受骗，中了他的苦肉计。

可是，故事并没有完，还有更大、更沉重的代价在后头发生！

第二次世界大战期间，德国情报机关研制出一种密码机器 ENIGMA，它被夸耀为"猜不透的谜"。这种机器的设定方式多达 15 亿兆个可能性，其可怕的天文数字般的组合无法为任何人破译；而当时英国的所谓密码专家是以古典文字研究者和语言学家为主体的，他们自然应付不了。于是，9 位英国最杰出的数论专家被应召入伍，其中包括优秀的青年学者艾伦·图灵在内。后者果然不辱使命，他认识到，ENIGMA 机器尽管高明，但它永远不可能将一个字母变换为它自身的密码。这就是说，如果发送人击键

"R"，则机器可以发送出任何别的字母，但绝不会是字母 R。这个看起来无足轻重的小事却是关键性的发现。以

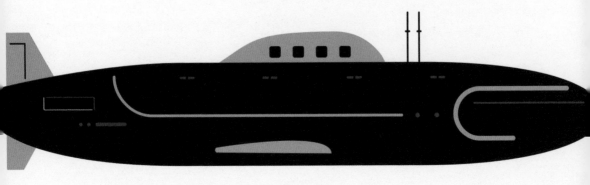

此为突破口，图灵终于成功地破译了 ENIGMA 密码。于是，效果逐渐显现，在大西洋游弋的德国潜艇被不断击沉，德国人的军事力量一天天走下坡路。

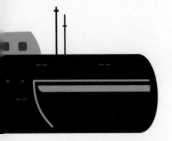

但是，老成持重的英国首相丘吉尔十分谨慎，他生怕引起德国人的怀疑。如果他们发现密码被解，决定更换一种新的密码，那么一切就将重新回到起点。于是，对敌方迫在眉睫的攻击，丘吉尔有时权衡轻重，迟迟不采取激烈的反措施。比如，

丘吉尔明明知道英国城市考文垂是可能成为毁灭性空袭的目标，但他经过深思熟虑之后，决定采用"苦肉计"，不采取特别的预防措施，以免引起德方的怀疑。

这真是一步妙棋：英国人利用破译得来的军事情报已经捞到了很大好处，而德国人却仍在梦中，高枕无忧。他

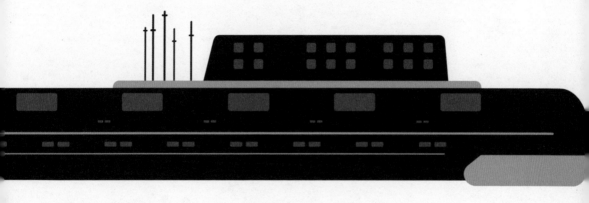

们过于自信，认为自己编制的密码绝不可能被破译，而把意外损失和军事挫败归咎于队伍的叛卖变节或其他原因。

你看，"苦肉计"与破译技巧相辅相成，使德国人始终蒙在鼓里！■

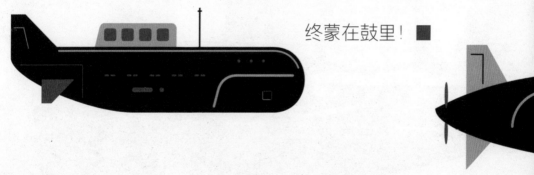

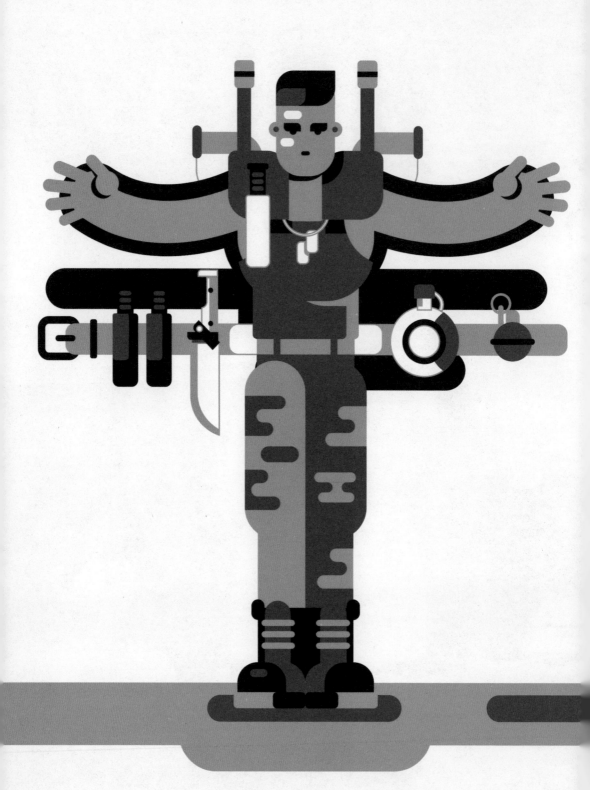

ZUI HOU YI ZHAO

最后一招

巴蒂斯塔将军是个铁腕人物，他是这个南太平洋岛国的独裁者，身兼 3 职——总统、总理、总司令。在这个国家他的话就是法律，他要谁死谁就得死。被他残暴统治了几十年后，人民忍无可忍，发动了一场武装起义。可惜起义被残酷地镇压下去了，大多数人在战斗中壮烈牺牲。剩下的 23 人在腹部中弹受伤的汤姆逊的指挥下，边战边退，撤到海边，最后无路可逃，全部被俘获，关进阴暗的城堡里听候发落。

这个酋长国有一个世代相传的惯例：抓到反叛者以后，都要按"每 5 个人中把第 5 个人处决，余下的减刑或者释放"（Kill every fifth man）的办法来处理。

　　第二天一大早，在监狱的大栅栏外面果然下达了命令，但是这一次发生了令人震惊的事。宣读命令的钦差把同一个命令重复了 4 次，逐字逐句地把同样的行刑命令发布了 5 遍。

排队与出列	○○○○⊗○○○○⊗○○○○⊗○○○○⊗○○○
第一道命令后	○○○○ ○○○○ ○○○○ ○○○○ ○○○
第二道命令后	○○○○ ○○○ ○ ○○ ○○ ○ ○○○
第三道命令后	○○○○ ○○ ○ ○ ○○ ○ ○
第四道命令后	○○○○ ○ ○ ○
预期第五道命令后	○○○○ ○ ○ ○ ○ ○

　　然后，钦差又说："总统有好生之德，他并不希望所有的人都被杀掉，而只是要求把他的命令不折不扣地执行 5 次。"接着，他自鸣得意地做了解释：（如上表）在原有的 23 人中，每 5 人拉出去 1 个，第一次处决的是 4 人，剩下 19 人；重复一遍这样的计算，应该是 3 人被砍脑袋，余下 16 人，这是第二次；第三次应当又有 3

人被杀，余下 13 人；第四

次应斩杀 2 人，余下 11 人；

最后的第五次，应该再杀 2

人。然后，总统就会"大发慈悲"，释放剩下的 9 人。

在这批囚犯中，大利的身材最矮小，但他精明能干，善于擒拿格斗，有勇有谋。他知道巴蒂斯塔也是行伍出身，以前每次处决犯人，总是在行刑前把他们按身高排成一列。大利是23人中最矮的。他心中暗自盘算：假定监狱长从矮个子开始计数的话，我肯定是安全的，因为我总是1号。但如果从高个子开始数，那么我总是最后一名，其号数 是 2 3 号、19号、16号、13号、11号，最后是9号。在这些数目中，能够被5除尽的数一个也没有。也就是说，我每次都能死里逃生，厄运不会降临到我的头上。

犯人们真的在院子里排好队，负伤的汤姆逊由两名

狱卒扶着也排好了队。他人高马大，排在第一的位置。

一声吆喝，有4个人出列，向着面对大海的墙壁走去，被杀死了。还活着的人移开了视线。

然后是第二次、第三次的行刑。有人视死如归，也有人哭泣，大多数人已经麻木。

第四道命令执行以后，太阳几乎到了头顶上。烈日下，连手持大刀的刽子手也无精打采了。再来一次例行公事式的屠杀，"典礼"就要结束。

谁知天有不测风云，人有旦夕祸福，就在这时情况突变，站在排头、身负重伤的汤姆逊腹部大出血，突然倒地死了。大利的位置从11号变成

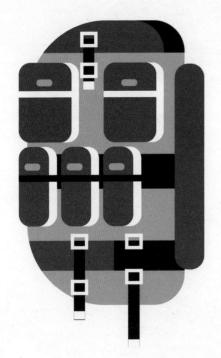

10号，死神向他招手了。

"小伙子，赶快出列！"剐子手大喝一声。在千钧一发之际，"Kill every fifth man"这句话提醒了他，大利猛然醒悟：man是指男人。

于是，他连忙摘下头上的帽子，让头发披到肩上。监狱长与剐子手看得一清二楚，他们顿时目瞪口呆。原来，大利

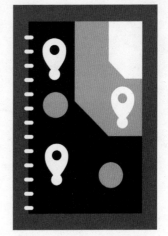

其实不是"大利"，而是"达丽"，不是男人而是女人。好在汤姆逊可以顶替，"死猪不怕开水烫"，再多挨一刀无所谓，他们已经可以向上交差了。■

在20世纪80年代的中后期，日本影星山口百惠可是大名鼎鼎，号称影、视、歌"三栖明星"。山口百惠的代表作是《血疑》，这部连续剧故事情节非常曲折，丝丝入扣，引人入胜。由于收视率极高，无意中向广大群众普及了血型的知识。

近来的科技发现告诉人们，不仅是人，连植物都有血型。植物没有血液，怎么会有血型呢？根据现代分子生物学理论，所谓人类的血型是指血液中红细胞细胞膜表面分子结构的类

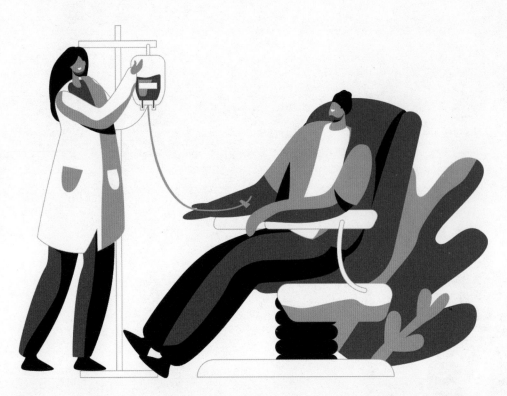

型。植物体内虽无血液，却存在汁液，这种汁液细胞膜表面也同样具有不同类型的分子结构，这就是植物也有血型的奥秘所在。

山本茂是日本警视厅科学与刑事侦破研究所的一位工作人员，他发现植物也有血型纯属偶然。仙台市天神町一位大财阀的独生女田中富子在夜间死于床头，一切迹象均显示她是自杀。这个姑娘的血型为 O 型，而枕头上的血却是 AB 型，于是警方将案子定性为他杀；但除此之外并无凶手作案的任何证据。半年之内，警方花费了大量人力物力，还是一无所获。后来山本茂突然产生灵感："莫非枕头内的荞麦皮属 AB 型？"这个火花式的提示给一筹莫展的山本茂以极大的启示。他决定对荞麦皮进行化验，最后发现荞麦皮确属 AB 型，使这个疑案有了结论。

山本茂并未就此止步，他接着对500多种植物进行化验，终于证明了"植物也有血型"这个结论。

也许你会说，血型和数学有什么关系？众所周知，人

类有4种血型：O、A、B、AB。在临床上，什么血型的人能输血给什么血型的人，有严格规定；而这条输血法则，就是生物数学的一大成就。这些规则可以归结为4条（我们用符号X→Y表示X血型的人可以输血给Y血型的人，下面的记号X、Y、Z都代表O、A、B、AB中的任一种）：

1. X→X；2. O→X；3. X→AB；4. 不满足上述3条法则的任何关系式都是错误的。

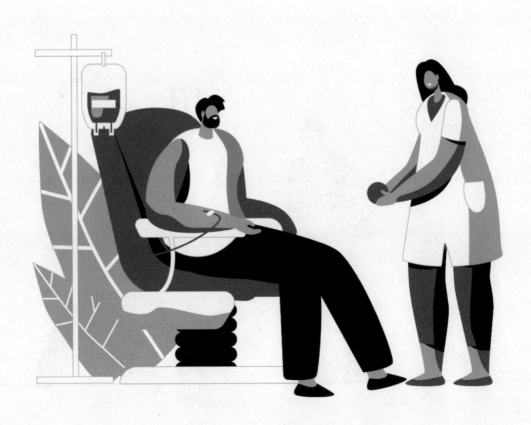

现在请你验证一下：

(1)1、2、3、4 这 4 条法则不存在矛盾；

(2)传递律成立，即可从 X→Y、Y→Z 推出结论 X→Z；

(3)关系式 A→B 是错误的。

从临床实践与研究中我们得出下列结果，用表格记录如下（"+"表示可以输血，"-"表示不可以输血）：

		受血者			
		O	A	B	AB
供血者	O	+	+	+	+
	A	-	+	-	+
	B	-	-	+	+
	AB	-	-	-	+

你看，这个表格完全符合输血法则。总而言之，从实验结果中归纳整理出法则，这是任何发现者必须具备的素质。数学教育、训练的目的正是为此，这比死钻难题有意思多了。■

WU SHI SAN KE JIE FA CHANG

午时三刻劫法场

江州，也就是现在的江西九江市，唐、宋时期就已是一个通都大邑了。名震江湖的及时雨宋江，由于在浔阳楼上喝醉了酒，写下反诗："心在山东身在吴，飘蓬江海谩嗟吁。他时若遂凌云志，敢笑黄巢不丈夫！"后来，东窗事发，宋江不幸被捕归案。宋江虽然装疯卖傻，胡诌自己是"玉皇大帝的女婿，带领十万天兵，阎罗大王做先锋，杀你们这般鸟人"，可是蔡九知府不吃这一套。经过严刑拷打，宋江只好从实招供。不久，混入官府的戴宗又因为伪造文书罪暴露，被 25 斤重的大枷夹了，一并打入死囚牢中。七月十五中元节一过，两人就要被押赴市曹斩首。

宋江与戴宗两人，在牢里吃过一碗"长休饭"，喝完一杯"永别酒"，狱卒就把他们押到市曹十字路口，只等午时三刻，监斩官一声令下，人头就要落地。

时间一分一分地过去，到了午时三刻，监斩官道：

"斩讫报来！"眼看刽子手的大刀就要落下，说时迟，那时快，只见十字路口茶坊楼上一个彪形黑大汉，脱得赤条条的，手握两柄板斧，大吼一声，从半空中跳将下来，手起斧落，砍死了两个行刑的刽子手，随后便往监斩官马前砍将过来。众官兵急忙拿枪去搠，可哪里抵挡得住，只好簇拥着蔡九知府仓皇逃命去了。那个黑大汉当下救出了宋江、戴宗。他，便是大名鼎鼎的黑旋风李逵。《水浒传》的作者施耐庵把这段文字写得惊心动魄，如闻其声，如见其人。

劫法场取得成功，梁山泊好汉大获全胜，这都是军师"智多星"吴用的巧妙安排。午时三刻，这真是一个要命的临界时刻，千钧一发。去早了，很难突破官兵的重重包围圈；去迟了，宋江、戴宗已经人头落地，一命呜呼。

有人问了一个很有意思的问题：古人没有手表，怎样正确掌握时间呢？古人制造定时线香的本事很大，著名小说家李涵秋（《广陵潮》的作者）笔下，提到过明末清初扬州的一位张老汉，他做的香，材料不均匀，形状却像一根绳子，把它烧完，正好需要 1 个小时（从前叫半个时辰）；无论室内室外，风大风小，都不受影响。

请问：如何用两根这样的绳子香来判断 3 刻钟呢？（1 刻等于 15 分钟，古今用法相同；所谓午时三刻，就是 12 点 45 分。）请你开动脑筋，仔细想想，这倒是一道很有意思的智力测验题呢！

（答案：如果用一根绳子香，从两头一起烧，把绳子烧完了就是半小时。要注意，由于绳子做得不均匀，烧完的地方不一定是原来绳子香的中点。

同时烧两根绳子香，一根从两头一起烧，另一根只烧一头。当第一根绳子烧完时，马上把第二根的另一头点燃。第二根烧完时，正好就是 3 刻钟。）■

图书在版编目（CIP）数据

现代苦肉计 / 谈祥柏著；许晨旭绘 . -- 北京：中
国少年儿童出版社，2020.6
（中国科普名家名作 . 趣味数学故事：美绘版）
ISBN 978-7-5148-5896-9

Ⅰ . ①现… Ⅱ . ①谈… ②许… Ⅲ . ①数学 – 少儿读
物 Ⅳ . ① O1-49

中国版本图书馆 CIP 数据核字（2019）第 296300 号

XIAN DAI KU ROU JI
（中国科普名家名作——趣味数学故事·美绘版）

出版发行：中国少年儿童新闻出版总社
中国少年儿童出版社

出 版 人：孙 柱
执行出版人：马兴民

责任编辑：李 华	著 者：谈祥柏
责任校对：杨 雪	绘 者：许晨旭
责任印务：厉 静	封面设计：许晨旭
社 址：北京市朝阳区建国门外大街丙 12 号	邮政编码：100022
编 辑 部：010-57526336	总 编 室：010-57526070
发 行 部：010-57526568	官方网址：www.ccppg.cn
印刷：北京市雅迪彩色印刷有限公司	
开本：720 mm×1000mm 1/16	印张：7.75
版次：2020 年 6 月第 1 版	印次：2020 年 6 月北京第 1 次印刷
字数：155 千字	印数：8000 册
ISBN 978-7-5148-5896-9	定价：29.80 元

图书出版质量投诉电话 010-57526069，电子邮箱：cbzlts@ccppg.com.cn